服装装饰细节设计方法与实践

刘楠楠 著

U0353550

中国纺织出版社

内容简介

本书主要围绕服装装饰细节设计方法与实践进行深入探讨。内容包括：服装装饰细节设计概述（服装装饰细节设计的概念、特点），服装装饰细节设计着眼点（领部装饰细节、袖子和肩部装饰细节、衣摆装饰细节、腰部装饰细节等），服装装饰细节工艺技法（材料与工具，服装装饰细节设计技法介绍等），服装装饰细节设计与制作实训（裙装类装饰细节设计实训、毛衣开衫类装饰细节设计实训、衬衫类装饰细节设计实训等）。本书的适用人群为服装设计方向的教师及学生，也可以供相关研究人士参考。

图书在版编目(CIP) 数据

服装装饰细节设计方法与实践 / 刘楠楠著. -- 北京:
中国纺织出版社, 2018.4 （2022.1重印）
ISBN 978-7-5180-4280-7

Ⅰ. ①服⋯ Ⅱ. ①刘⋯ Ⅲ. ①服饰－设计 Ⅳ.
①TS941.3

中国版本图书馆 CIP 数据核字(2017)第 272468 号

责任编辑：武洋洋　　　　　　　　责任印制：储志伟

中国纺织出版社出版发行
地址：北京市朝阳区百子湾东里 A407 号楼　　　邮政编码：100124
销售电话：010-67004422　　传真：010-87155801
http://www.c-textilep.com
E-mail：faxing@e-textilep.com
中国纺织出版社天猫旗舰店
官方微博 http://www.weibo.com/2119887771
北京虎彩文化传播有限公司　各地新华书店经销
2018 年 4 月第 1 版　　2022 年 1 月第 9 次印刷
开本：710×1000　1/16　印张：11.75
字数：210 千字　　定价：58.00 元

前　言

在我国，服装设计起步较晚，发展至今有 39 年的时间。人们往往通过服装的独特视觉语言与造型来传达服装设计师美好的情感，其中服装的细节装饰设计是展现服装整体造型的点睛之笔。在现代服装设计中，服装的细节装饰设计越来越受到人们的重视，因为服装细节装饰可以加强服装的装饰性、品质感以及风格感，从而引导消费群体的消费群体的购买欲望与消费兴趣。

然而，在服装装饰细节设计领域，相关的研究成果并不是很多。为了在一定程度上推动现代服装设计的发展，填补服装装饰细节设计方法方面的空白，作者撰写了本书。

本书共分四章，第一章主要围绕服装装饰细节设计进行大致阐述，包括服装装饰细节设计的概念、特点等内容；第二章对服装装饰细节设计着眼点进行了具体探讨、内容包括领部装饰细节、袖子和肩部装饰细节、衣摆装饰细节、腰部装饰细节、口袋及拉链装饰细节；第三章侧重讨论了服装装饰细节工艺技法，内容包括材料与工具、服装装饰细节设计技法介绍；第四章作为本书的最后一章，对服装装饰细节设计与制作实训做出了深入探讨，内容包括裙装类装饰细节设计实训、毛衣开衫类装饰细节设计实训、衬衫类装饰细节设计实训以及外套类装饰细节设计实训。

本书力求内容翔实，逻辑清晰，与时俱进，理论性较强，从基本概念出发建立基本理论体系，同时结合一些最新的设计实例与精美的插图，以激发读者的阅读兴趣，增强读者对服装装饰细节设计方法与实践的全面认识和理解。

　　本书是在参考大量文献资料的基础上，结合作者多年的教学与研究经验撰写而成的。在本书的撰写过程中，得到了许多专家学者的帮助，在这里表示真诚的感谢。另外，由于作者的水平有限，书中难免会出现疏漏与不足，恳请广大读者给予批评与指正。

作者

2017 年 11 月

目　录

第一章　服装装饰细节设计概述 ………………………………………… 1

　　第一节　服装装饰细节设计的概念 ………………………………… 6

　　第二节　服装装饰细节设计的特点 ………………………………… 10

第二章　服装装饰细节设计着眼点 ……………………………………… 27

　　第一节　领部装饰细节 ……………………………………………… 29

　　第二节　袖子和肩部装饰细节 ……………………………………… 36

　　第三节　衣摆装饰细节 ……………………………………………… 43

　　第四节　腰部装饰细节 ……………………………………………… 47

　　第五节　口袋、拉链装饰细节 ……………………………………… 51

第三章　服装装饰细节工艺技法 ………………………………………… 55

　　第一节　材料与工具 ………………………………………………… 57

　　第二节　服装装饰细节设计技法介绍 ……………………………… 58

第四章　服装装饰细节设计与制作实训 ………………………………… 140

　　第一节　裙装类装饰细节设计实训 ………………………………… 141

　　第二节　毛衣开衫类装饰细节设计实训 …………………………… 155

　　第三节　衬衫类装饰细节设计实训 ………………………………… 168

　　第四节　外套类装饰细节设计实训 ………………………………… 170

参考文献 …………………………………………………………………… 179

1

Chapter 1

第一章 服装装饰细节设计概述

第一章　服装装饰细节设计概述

学习目标：了解服装以及服装装饰细节的重要性

重点及难点：掌握和运用服装装饰细节表现方法

"细节决定成败"这句话适用于各个领域，在我们的生活中、工作中、甚至穿衣打扮，都离不开小小的"细节"，细节虽小，但是改变却可以很大。我们每个人、每件商品、每件艺术品都是特别的，只有不同于其他的那些小细节，才是最能表达自我独特性的唯一表现。

在服装设计中，细节规则也是相同的。不同风格的服装可以搭配相应风格的装饰细节，装饰细节的添加可以使服装更加具有独特性和欣赏性，比如，旗袍一定要有精致的滚边细节才柔美、内敛；婚纱要有丰富的层次和点缀细节才会惊艳、华美；牛仔装要有粗重的装饰线才会显得粗犷、帅气等等，所以说服装的装饰细节是十分重要以及必要的。古往今来，服装的潮流与时尚总是循环往复的，无论服装的款式、面料和色彩如何变幻，唯一不变的就是装饰细节对服装风格的装饰性及决定性作用。服装史向我们展示了各种装饰细节在整个人类服装发展的历史舞台上起到了多么重要的作用，几个世纪以来，不同社会阶层的人们在服装上都具有鲜明的风格，但是服装细节的风格特点一直是其中最显眼、最突出的，如图1-1至图1-6所示的西方古典男装的装饰细节。

图 1-1

图 1-2

图 1-3

图 1-4

图 1-5

图 1-6

第一节　服装装饰细节设计的概念

　　服装细节是指服装的局部造型设计，是服装廓形以内的零部件边缘形状和内部结构的形状。服装细节是服装设计表达的重要部分，聚集着设计丰富细腻的情感和超凡的设计能力。服装的部件细节是指衣领、袖子、肩部、下摆（衣摆、裙摆、裤摆）、腰部、口袋、拉链等局部的造型。

　　服装细节设计分为功能性细节设计和装饰性细节设计，本书所要讲述的就是关于服装的装饰细节设计的着眼点和设计方法。服装部件的装饰细节设计是指在服装的各个部件细节上运用钉缝、编织、抽褶、扭曲、刺绣等造型手段，对服装部件做二次甚至多次的装饰再造设计，这种装饰设计体现在色彩、材质和工艺上一定要与服装原来的格调相一致，并且起到提升和强调服装品质及风格的作用，通过对服装细节装饰的强调，使服装更加的精致美丽、格调高雅。翻看中西方服装史会发现，古典服饰的精妙之处就在于当时的服装工作者对服装及配饰的精雕细琢，无论是精美的刺绣、浪漫的褶裥、飘曳的流苏还是艳丽的花朵都会让人为之震撼。如图1-7至图1-9所示精美的古典女装细节，刺绣、褶裥、滚边是西方古典服饰最常用的细节装饰手法。

图 1-7

图 1-8

图 1-9

　　服装的细节装饰设计在现代服装设计中越来越受到人们的重视，服装的装饰细节是服装造型的局部装饰，是服装的零部件细节的设计着眼点。服装细节装饰可以加强服装的装饰性、品质感以及服装的风格感，细节装饰与服装的整体风格有着"你中有我、我中有你"的密切关系。在成衣设计中，时尚且精美的装饰细节可以使服装看起来更加精致、美观，同时使成衣产生系列感与风格感，引导消费群体的消费群体的购买欲望以及消费兴趣。

　　服装的装饰性细节设计是设计师非常感兴趣的设计内容之一，设计师往往可以通过对细节的关注而产生新的设计灵感，从而推动新的流行与时尚。比如单纯的缎带、纱线、毛毡等普通面料，经过设计师的巧手设计与加工就可以变成各种不同样式的花饰、花边以及各种装饰物。时尚总是在不断地演变和循环，新素材、新工艺和传统素材、工艺相结合，可以不断地推陈出新，使服装设计具有全新的灵感和设计点。

第二节　服装装饰细节设计的特点

　　服装是附于人体的实用性商品，同时也是富于装饰美的艺术品。装饰是指在身体或者物体表面添加一些附属的东西，使之变得美观，服装常用的装饰手法有刺绣、钉珠、立体化、钩编、镂空、做旧、缉明线、包边、流苏、印染、手绘等。

　　服装的细节装饰是指在服装的细节之处（领袖、肩部、腰部、口袋等）添加各种平面或立体的装饰，这种细节装饰不仅表现在造型、材料肌理、色彩配合和图案纹饰上，而且也要搭配相当的辅料配件、工艺技巧等。采取各种有趣或者经典的工艺加工装饰方法，能更好的显示出服饰的精工美和装饰美，同时也是设计师表达服装品位和内涵的最好方式之一。好的服装细节能够引起人的共鸣，其具有鲜明的特征，并且具备精致、耐看的特点，一个好的细节设计可以说是整个服装的点睛之笔。如图1-10所示，精美华丽的装饰细节是西方古典裙装不可或缺的重要组成部分，如图1-11、图1-12所示，各种材料构成的流苏也是精美裙装的点睛之笔。

图1-10

图 1-11

图 1-12

　　在服装设计中，一旦服装的风格确定，相应的细节设计风格也就确定了，如浪漫华丽的婚纱细节装饰风格就应该是与其风格相匹配的，华丽感强烈的、半立体式的钉珠、刺绣、褶裥类的装饰细节；创意型的服装装饰细节一般以另类、开放的现代手法为主，如做旧、印染、流苏、镂空等手法；高档的成衣类服装装饰细节，则应以细腻的造型手法、高雅的色调以及上乘的装饰辅料为宜，并且对服装的风格要有一定的带动性和提点性。

　　总而言之，廓形越是简单的服装越适合添加各种风格的装饰细节，廓形越是复杂的服装，越不宜添加过多的细节装饰物，尤其是夸张或者体积大的装饰物，以免画蛇添足，影响服装的品质和风格。综上所述，服装的装饰设计是设计师不可或缺的重要设计和表达手段。因此，掌握各种各样的装饰手法是设计师所必须掌握的技能之一。如图 1–13 至图 1–25 所示为不同时期的古典女装装饰细节。

图 1–13

图 1-14

图 1-15

图 1-16

图 1-17

图 1-18

图 1-19

图 1-20

图 1-21

图 1-22

图 1-23

图 1-24

图 1-25

课后习题：

（1）分组讨论古今服装装饰细节特点。

（2）选择一个时期的男装或者女装装饰细节进行分析与讨论。

2

第二章　服装装饰细节设计着眼点

第二章　服装装饰细节设计着眼点

学习目标：学习如何在服装的各个部位做装饰细节表现

重点及难点：如何运用装饰细节表现服装风格

在服装设计艺术中，经常会在领子、袖口、肩部、衣摆（裤摆、裙摆）等部件的表面做装饰性设计，或者在细节的边缘处做边饰性装饰细节，当服装主体工艺制作完成后，这些面或者边的装饰性设计便成为设计师加入细节设计的最有效方法。尤其是在女装设计中，这种装饰性的细节装饰显得更加重要。

用作服装装饰细节设计的材料由服装主题的风格和面料所决定，常用的有雪纺、蕾丝、立体花饰、珠子宝石、皮草，等等（图2-1）。在工艺的处理上也推陈出新，如传统的蕾丝通过钩针钩编与面料融为一体；浪漫的雪纺或者纱质的材料通过层次叠加的方法形成荷叶边，装饰性极强；各种材料所制成的动感流苏，也是现代服装不可或缺的经典细节设计。

图2-1

服装的装饰细节设计不是独立存在的，与服装是相辅相成的，并且对服装的整体设计起到至关重要的作用，甚至可以作为整体服装的设计重心。因此，在做服装设计时，一定要把握好服装各个细节之间造型、材质、工艺等因素，使之相互协调，避免混乱。

第一节　领部装饰细节

服装的领子位于人们视觉中心的最上端，是服装细节设计的重要着眼点之一。领子分为领口线（一字，圆型，V型，U型等）和领型（戗驳，平驳，青果，荷叶等）两种，无论是什么样的领口，都可以根据服装的整体风格添加各种各样风格的领子装饰细节。在领子部位添加不同的装饰细节不仅可以让简单的服装变得令人惊叹，还能展示或优雅或高贵或可爱或浪漫的丰富个性美感。一般领子的装饰细节不宜过大，并且在色彩、材质以及工艺手法上要和服装整体的风格相协调，以精致、细腻的工艺手法为主。比如，可以将精美的刺绣贴花缝于领子之上（图2-2），或者添加色彩艳丽的宝石装饰（图2-3、2-4）、朋克感极强的铆钉等等，都能展示并强调整件服装的个性美感成为视觉重心。

图2-2

图 2-3

图 2-4

图 2-5

图 2-6

　　如图 2-5、图 2-6 所示，在衬衫领、毛衣领座上添加一圈可爱的褶饰，使衬衫、毛衣多了一丝浪漫与可爱。

　　如图 2-7 所示，领部添加和衣身同样面料的黑色细节，在视觉上找到呼应平衡效果；如图 2-8 所示，在领子表面添加朋克风格的金属装饰，强调了服装的现代朋克风格；如图 2-9、图 2-10 所示，在领口添加抢眼的荧光色装饰花饰，强调了领子的色彩与形状。

图 2-7　　　　　　　　　　　　图 2-8

图 2-9　　　　　　　　　　　　图 2-10

　　如图 2-11 所示，在领口添加和服装面料一致的蝴蝶结装饰物，增加了服装的立体层次感；如图 2-12 所示，在领口线做镂空式领子装饰细节，增加了服装的肌理感和空间感；如图 2-13、图 2-14 所示，在长款外套领口处添加色彩艳丽的装饰细节，起到画龙点睛的强调效果。

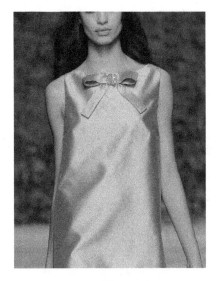 

图 2-11   图 2-12

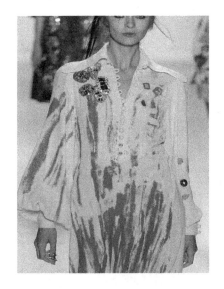 

图 2-13   图 2-14

如图 2-15 所示，在西装驳领上面做亮片图案细节装饰，使原本单调的西装变得华丽、有趣；如图 2-16 所示，在领口处添加金属装饰细节，与整体风格相呼应；如图 2-17、图 2-18 所示在领口处添加夸张、浓郁的黑色流苏球，使整套服装的风格感更加明确。

图 2-15

图 2-16

图 2-17

图 2-18

图 2-19

图 2-20

图 2-21

图 2-22

　　如图 2-19 所示，在领口处添加黑色羽毛细节装饰，增加了服装华丽、神秘、高贵的气质；如图 2-20 所示，在领口处添加夸张的黑色褶裥细节，复古味道浓郁；如图 2-21、图 2-22 所示，在简洁的西装外套上添加一抹金色和粉色的装饰细节，使服装的整体感和层次感更加突出，强调了服装高雅、精致、简单的风格。

图 2-23　　　　　　　　　　　　图 2-24

（a）　　　　　　　　　（b）　　　　　　　　　（c）

图 2-25

（a） （b） （c）

图 2-26

如图 2-23、图 2-24 所示，在领线上添加肌理感极强的立体装饰，强调了服装的现代感与神秘感；如图 2-25、图 2-26 所示各种领子部位的装饰细节。

第二节　袖子和肩部装饰细节

服装的袖子装饰细节包括袖口、袖身以及肩部三部分。在现代的服装设计领域，越来越多的设计师将设计重点由以往的领口转移到了袖子和肩部。在经历了多年简约主义的设计风格后，20 世纪 80 年代那种具有表演效果的服装风格再一次风靡服装时尚领域，夸张的肩部、复古的装饰、碰撞的色彩等都是现的设计师喜欢标新立异的设计要素。无论是可爱的泡泡袖、夸张的灯笼袖和蝙蝠袖、优雅的羊腿袖还是立体感的肩部设计等，都可以在上面做贴花、刺绣、撑垫等细节装饰（图 2-27）。对袖子部分添加各种精美的装饰细节可以增加服饰的观赏度以及品质感，是现在服装设计领域发生的一场视觉革命，同时也为设计师提供了无限的想象与创意空间。

图 2-27

　　如图 2-28 所示，将拉链密集排列形成具有个性美感的袖口细节；如图 2-29 所示，在袖口处做扩充式装饰，增加服装的整体感；如图 2-30、图 2-31 所示，在袖口处做精密的银色亮片钉缝装饰，做到细节与整体呼应如图在袖口上不嵌缝拉链装饰，增加袖口的层次美感。

图 2-28

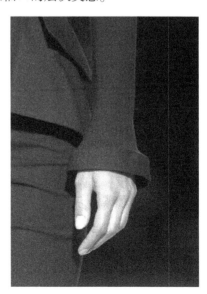

图 2-29

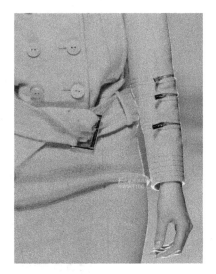

图 2-30   图 2-31

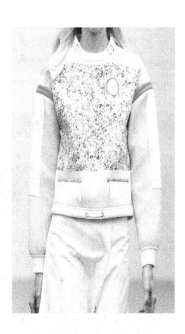

图 2-32   图 2-33

图 2-34　　　　　　　　　　　图 2-35

　　如图 2-32、图 2-33 所示，在 3D 效果的太空棉卫衣袖子上做醒目的橙色装饰细节，强调了服装的运动感，同时使服装的色彩层次更加明确；如图 2-34 所示，在皮装的肩部做立体绗缝，强调了皮质的肌理感，使皮装的廓形更加立体；如图 2-35 所示，在休闲的牛仔袖口部位添加涂鸦风格的装饰细节，使服装更加有趣味性。

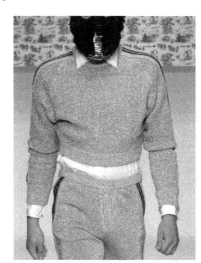

图 2-36　　　　　　　　　　　图 2-37

图 2-38   图 2-39

　　如图 2-36 所示，在白色的衬衫袖边缝处添加立体的流苏装饰，使服装线条更加硬朗、风格大气；如图 2-37 所示，在金色的运动套装袖边缝处添加粉色的运动装饰条，强调了服装的廓形和色彩层次；如图 2-38、图 2-39 所示，在甜美风格的服装肩部做大量的立体花饰，使服装的色彩明亮、风格甜美。

图 2-40   图 2-41

图 2-42   图 2-43

　　如图 2-40、图 2-41 所示，在肩部和袖子上做精美的镂空细节设计，强调了服装肌理感同时使服装显得高雅、独特；如图 2-42 所示，在廓形简单、色彩淡雅的粉色连衣裙上添加夸张的金属流苏装饰，使服装变得大气、时尚；如图 2-43 所示，在裸色的卫衣上添加刺绣贴花设计，改变卫衣的廓形。

图 2-44   图 2-45

图 2-46   图 2-47

  如图 2-44、图 2-45 所示，在袖子上做立体效果的装饰细节，使服装整体色调、风格、廓形完全一致，强调了服装简单大气不失经典的风格；如图 2-46、图 2-47 所示，在肩部做夸张的亮片设计，使服装整体效果更加完整，视觉冲击感更加强烈。

图 2-48   图 2-49

图 2-50　　　　　　　　　　　　　图 2-51

如图 2-48、图 2-49 所示，在肩缝处和袖身上做金属色的细节装饰，使服装的色彩对比更加强烈，同时强调了服装前卫、朋克的现代风格；如图 2-50 所示，在肩部做大量的金色铆钉钉缝，与黑色皮装形成反差，大气、时尚；如图 2-51 所示，在黑色和橙色的仿皮草外套的袖身及肩部做金属色装饰条，强调了服装高贵、性感的气质。

第三节　衣摆装饰细节

衣摆的装饰细节设计是指衣服、裤子以及裙子的下摆处和边缘处的细节装饰，衣摆的细节虽然不及领口的装饰抢眼，但它却是表现服装整体感和风格感的重要细节。衣摆的装饰细节设计手法多样，刺绣、褶裥、钉缝等都是体现服装衣摆细节的手段要素。比如，上衣的衣摆处做精美的刺绣（缎带绣、珠绣、亮片绣，图 2-52 至图 2-54 所示），是很多高级女装必备的装饰细节元素；在裙摆处添加蓬松的褶裥，可加强裙子的华丽感和空间感；在裙子或者裤子的边缘处做精致、细微的边饰，可以使裙子（或裤子）更加精美、细腻，同时具有一定的品质感和审美情趣；在晚礼服的裙摆处添加钻石装饰，可以增强礼服的视觉关注度，提升礼服的品质与品位。

图 2-52 图 2-53

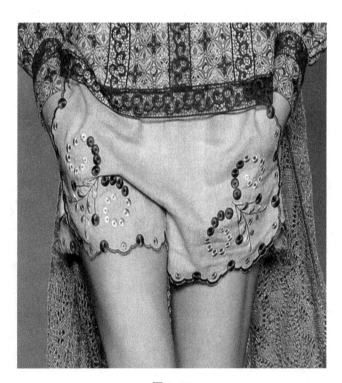

图 2-54

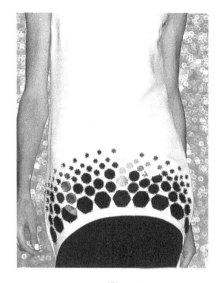

图 2-55

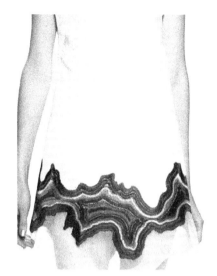

图 2-56

图 2-57

图 2-58

　　如图 2-55 所示，在廓形简单的白色衣摆处添加夸张的金属装饰亮片，使得原本简约自然的白色上衣变得精彩且具有一定的观赏性；如图2-56所示，在干净的白色衣摆处添加醒目的蓝色刺绣装饰细节，使服装风格发生改变；如图 2-57 所示，在裙摆处添加蓝色及白色的褶裥装饰，加强了裙子的层次感和风格感；如图 2-58 所示，在裙摆边缘处添加同色系黄色链条式装饰，增加了裙子灵动、精致的味道。

图 2-59

图 2-60

图 2-61

图 2-62

　　如图 2-59 所示，在裙摆处做镂空式钉缝细节，是精美、高雅风格特征之一；如图 2-60 所示，在裙侧缝线处夹缝锯齿状装饰细节，使裙子的外观更加有趣；如图 2-61 所示，在裙摆处添加层次感极强的面状装饰细节，使服装更具有观赏性和价值感；如图 2-62 所示，在衣摆处做大量的褶裥，使简单廓形的上衣造型更有层次感与视觉感。

第四节　腰部装饰细节

在服装设计中，腰围线的设计是至关重要的，它是人体完美比例的重要分割线。腰围线的造型决定了服装的外廓型，腰围线位置的高低可以直接影响服装的款式和风格；同时腰围线可以平衡胸部以及腿部的比例，起到修身、拉长双腿、提升胸部的效果，使服装和人体产生美轮美奂的视觉效果。因此，腰围线部位的装饰细节设计往往是设计师的设计重点，它起到了承上启下的强调作用。比如，钉缝立体花饰、夸张的宝石装饰、金属质感的装饰物等都是强调腰部线条的重要装饰手段，如图2-63所示。

图2-63

如图2-64、图2-65所示，在裙腰处添加装饰性兜袋细节，强调了服装的随意性和舒适感；如图2-66所示，在黑色的晚礼服腰外侧家蝴蝶结装饰，使服装的华丽感更加突出；如图2-67所示，在黑色的装饰腰带，分割了大红色礼服的整体比例，使服装更加大气、经典。

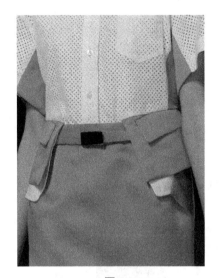

图 2-64

图 2-65

图 2-66

图 2-67

图 2-68　　　　　　　　　　　图 2-69

图 2-70　　　　　　　　　　　图 2-71

　　如图 2-68、图 2-69 所示，在粉色（白色）碎花图案（刺绣）的连衣裙腰线部位做立体花装饰细节，起到强调视觉重心的作用，并且与服装上的粉色碎花（白色刺绣）图案相映成趣；如图 2-70 所示，提升裙腰的高度并且做系扎处理，强调了简单、大气的服装风格；如图 2-71 所示，在腰部做剪切处理，并添加银色的装饰细节，突出了连身裙与众不同的味道。

图 2-72

图 2-73

图 2-74

图 2-75

    如图 2-72、图 2-73 所示，在腰部添加具有对比色调的风色立体花装饰，使服装更加精致；如图 2-74 所示，在腰部做规律性抽缝，增加了服装的肌理效果；如图 2-75 所示，将衣摆做系扎式的褶裥细节，增强了服装的装饰性与观赏性。

第五节　口袋、拉链装饰细节

　　服装的口袋分为贴袋和插袋两种，前者多用于大衣外套和休闲装，后者多用于服装内部和职业装。在服装口袋上做装饰细节设计相对来说是比较随意和简单的，相比于其他服装部件，口袋处于从属部分，难以成为视觉重心。因此，对于口袋的设计也应该以简单、低调又不失精致为宜。

　　拉链最早出现在 20 世纪前的欧洲。当时在欧洲中部的一些地方，人们企图通过带、钩和环的办法取代纽扣和蝴蝶结，于是开始进行研制拉链的试验。拉链最先用于军装，民间的推广则比较晚，直到 1930 年才被妇女们接受，用来代替服装的纽扣。在现代服装设计中，无论服装还是配饰，拉链的实用性逐渐为其装饰性所取代，用拉链做装饰或者强调服装风格甚至已成为当今服装的流行趋势。比如很多摇滚风格和朋克风格的服装，离开拉链的装饰细节可以说是暗淡无光，还有很多设计师把拉链作为整个设计的重要着眼点，惊艳四座。如图 2-76、图 2-77 所示，将拉链的实用性改为装饰性应用。

图 2-76

图 2-77

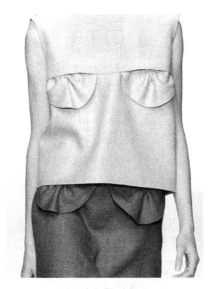

图 2-78   图 2-79

图 2-80   图 2-81

如图 2-78 所示，将兜盖设计成有趣的扇形并且做了抽褶装饰细节，增添了服装的装饰趣味；如图 2-79 所示，在兜袋上做铆钉装饰细节，使口袋成为整个件服装的亮点。

如图 2-80 所示，在外贴袋上做铆钉装饰，突出服装的街头时尚风格；如图 2-81 所示，在袖口添加同色系装饰拉链，增加了服装的设计感和运动元素。

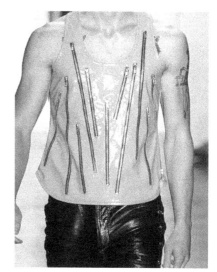

图 2-82　　　　　　　　　　　图 2-83

图 2-84　　　　　　　　　　　图 2-85

　　如图 2-82、图 2-83 所示，在漆皮背心上拼接金属色装饰拉链，使服装更加具有设计感；如图 2-84 所示，在牛仔外套的细节处添加拉链样式的装饰细节，街头服装风格特征明确；如图 2-85 所示，将实用性与装饰性兼具的金属色拉链装饰与皮装，更加突出服装风格。

课后习题：

（1）寻找 3-4 个品牌，分组讨论该品牌服装装饰细节的表现形式。

（2）每人选择 3-4 个部位（领部、衣摆、前胸等）做小的(8 * 7cm)装饰细节练习。

第三章　服装装饰细节工艺技法

第三章　服装装饰细节工艺技法

学习目标： 学习和掌握各种手工装饰细节的设计与制作方法
重点及难点： 利用所学方法做创新设计

图 3-1

通常被称之为细节的东西，值得仔细地端详和品位，在人们的视觉感受中，细节一般是精彩、生动的点缀，成为整个设计的点睛之笔。而一件服装的风格和工艺一旦确立后，会有很多细节布局与之相配，换言之，细节设计处理得好坏，直接关系到细节作品的好坏，也反应出设计师功底的深浅程度。而如何在服装细微之处添加精彩有趣的装饰细节，更是设计师表达自我风格与情操的重中之重。

一个小小的服装细节为何会带给人如此的赞叹与遐想？法国经典女装香奈儿最擅长的就是用细节表达服装的品位与格调：珍珠装饰、精美刺绣、流苏编结、金属线毛边等，服装的每个装饰细节都是那么的迷人、优雅，使人震撼。因此，作为设计师必须要掌握一些关于服装装饰细节的设计技法，往往能收到事半功倍的设计效果。

第一节　材料与工具

一、材料

　　宝石、钻石、亮片、珠子、彩线（刺绣线、毛线）、毛毡（不织布）、纱、网纱等都可以用作服装上的装饰。如图3-2至图3-6各种做服装装饰细节所用的服装辅料、装饰物。

图 3-2

图 3-3

图 3-4

图 3-5   图 3-6

二、工具

如手针、胶枪、花绷子、气消笔等。

第二节　服装装饰细节设计技法介绍

服装的装饰细节设计与制作工艺是设计师所必备的技能之一，目的在于通过对服装部件细节的各个部位做加法式或者减法式的装饰性设计，使服装更加具有设计感和视觉冲击力。

一、钉缝

在服装中加入手工艺钉珠，从整体上起到完善细节、强调风格的双向作用，从细微的局部细节装饰设计体现服装的整体风格。在服装细节中做装饰性的钉缝设计和服装款式设计一样，考验着设计师的设计品位以及工艺技法。服装装饰细节中的钉缝技法包括钉缝珠子、亮片、丝带、金属链、线条等等任何可装饰性的面料与辅料，服装细节装饰效果运用的好与坏与服装的色彩、质地、款式以及钉缝者的工艺水平有直接关系。

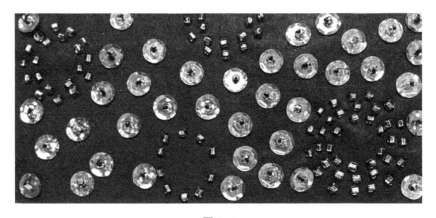

图 3-7

图 3-8

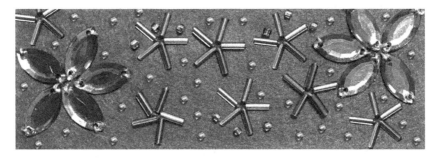

图 3-9

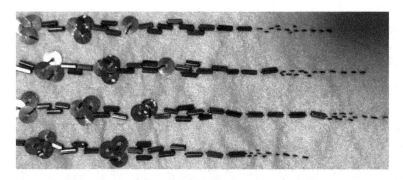

图 3-10

图 3-11

如图 3-7 至图 3-11（作者李雪莉）所用辅料是亮片和角珠，先在底料画出所要钉缝图案的形状，根据草稿排列亮片位置进行钉缝，为了使金色亮片上面没有线迹，可以使用透明色钉珠线（2mm 线）钉缝或者在亮片上钉缝一个米珠起到固定而不露线迹的效果，此款装饰细节适用于领子周围、衣摆以及袖口装饰。

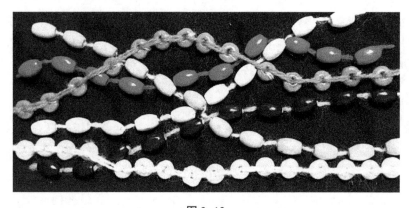

图 3-12

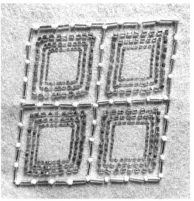

图 3-13　　　　　　　　　　　　　图 3-14

　　如图 3-12（作者郭思雯），每穿过一颗珠子后系一个扣结以固定珠子的位置，以此类推穿完；如图 3-13（作者谢美杰），按草稿位置钉缝亮片花型，然后根据花型的位置在四周做放射状角珠钉缝；如图 3-14（作者谢美杰），按照底料草稿位置钉缝紫色角珠，然后钉缝外圈银色管珠和米珠；如图 3-15（作者迟晓兰），先在底料上用气消笔画图案的形状和位置，排列宝石的位置后钉缝，钉缝的时候按照先主后次（先钉缝银色宝石部分，再钉缝辅助装饰的木珠）、先里后外（先钉缝银色宝石，再往镶嵌式钉缝白色珍珠）的顺序进行一次钉缝此款细节适用于衣身、口袋、裙摆、裤子等部位；如图 3-16（作者谢美杰），先钉缝银色米珠分割画面，然后钉缝彩色珠子即可。

图 3-15　　　　　　　　　　　　　图 3-16

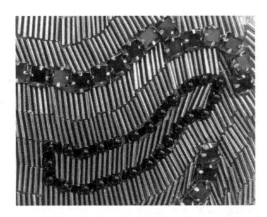

图 3-17

如图 3-17（作者谢美杰），先钉缝银色的管珠，同时预留黑色和蓝色宝石的位置，然后添加装饰珠子和宝石。

图 3-18

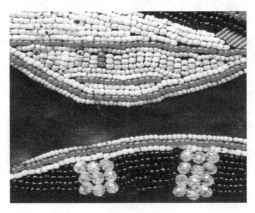

图 3-19

如图3-18（作者迟晓兰），在灰色粗线上钉缝彩色珠子，主要辅料是彩色木珠，每穿过一颗珠子打一个死结将其固定，其余的彩色小珠子为了保持活泼流动性而无需固定。将珠子按条穿好后备用，最后将所有珠串缝合。此款装饰细节适用于民族风的装饰细节，包括领口、腰部、衣摆等。

图3-20

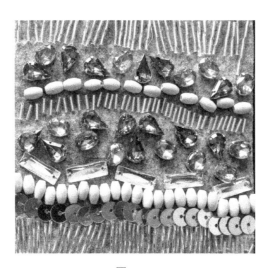

图3-21

作品欣赏：如图3-19（作者张爱莹）；如图3-20（作者温雨澄）；如图3-21（作者邓湘灵）。

图 3-22

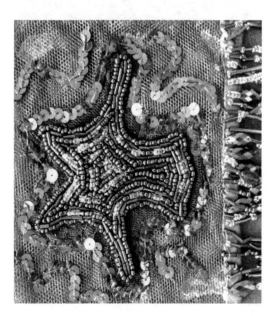

图 3-23

如图 3-22（作者温雨澄）；如图作者 3-23（作者温雨澄）。

图 3-24 　　　　　　　　　　　　　　　图 3-25

如图 3-24、图 3-25（作者郑杰）。

图 3-26

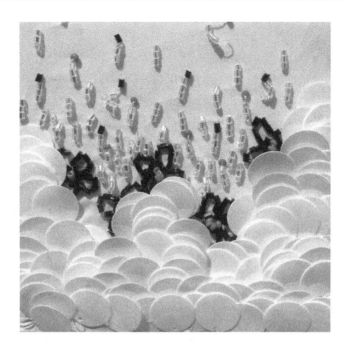

图 3-27

如图 3-26、图 3-27（作者于冬雪）。

图 3-28

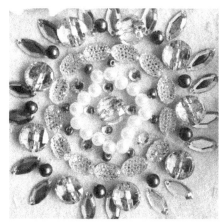

图 2-29

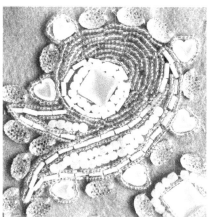

图 2-30

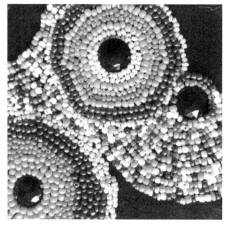

图 2-31

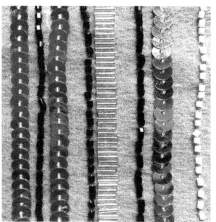

图 2-32

图 3-33

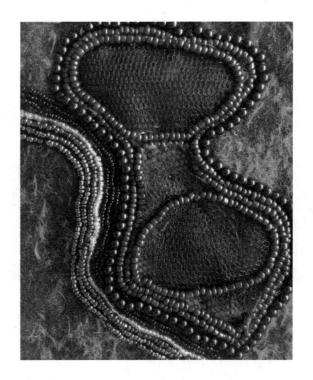

图 3-34

如图 3-28（作者李雪莉）；如图 3-29（作者于冬雪）；如图 3-30（作者于冬雪）；如图 3-31（作者迟晓兰）；如图 3-32（作者马常宇）；如图 3-33（作者李立）；如图 3-34（作者李雪莉）。

图 3-35

图 3-36　　　　　　　　　　　　　　图 3-37

图 3-38　　　　　　　　　　　　　　图 3-39

图 3-40

如图 3-40 所示，此款服装的装饰细节有三个侧重点：一是在领口周围钉缝华丽感的深色米珠和金色装饰线，使简单的白色外套领部肌理变得奢华而具有层次感；二是在领周添加了极具装饰效果的夸张流苏（金色、褐色、黑色米珠钉缝珠串）使服装具有大气、与众不同的宫廷气质；第三个重点就是醒目的橙色宝石装饰扣子。奢华感的女装装饰细节最能体现服装的风格，各种辅料的创意组合以及手工钉缝技巧是完成服装的必备条件。

图 3-41

　　如图 3-41 所示，在白色针织衣的领子周围和袖口处钉缝玫红色和松石绿色的宝石，简单的造型、绚丽的色彩是这款细节所要表达的一个重点。即使是这样的顶级品牌香奈尔（Chanel）也在使用各种各样的 PVC宝石、水钻、木珠、链条、米珠等等辅料做精美的钉缝和刺绣细节，最终的效果到底是精美耀眼还是暗淡无光全部由设计师的审美与工艺技法所决定。

图 3-42　　　　　　　　　　　　　　图 3-43

图 3-44　　　　　　　　　　　　　　图 3-45

　　如图 3-42 所示，用红色线在领子上钉缝密集的金属装饰，强调领部独特、华丽的金属质感；如图 3-43 所示，在肩部钉缝金属流苏链条，使服装的印度风格（艳丽、奢华）更加直观、立体；如图 3-44、图 3-45 所示，在服装的领子周围、肩部以及分割线钉缝银色花边，服装显得更加精致、有层次感。

图 3-46

图 3-47

图 3-48

图 3-49

　　如图 3-46 至图 3-49 是领饰与项链的组合体，夸张的色彩、繁复的造型是宝石装饰近几年最抢眼的流行元素，各大品牌纷纷利用宝石元素打造不同的服装装饰细节造型，蕾丝连衣裙、针织开衫、纯棉体恤等等任何服装都可以用宝石和珠片做细节装饰。

图 3-50　　　　　　　　　　　　　　　图 3-51

图 3-52

　　如图 3-50 所示，以蓝色宝石为主色调，用珊瑚红色的珠子做色块分割，民族味道浓郁；如图 3-51 所示，以大颗黑色和紫色亚克力宝石钉缝为主，周围装饰密集的黑色、浅紫色透明米珠，大小呼应，整个细节显得神秘冷艳而不失奢华之气；如图 3-52 所示，以蓝色水钻盘成花型，四周钉缝放射状的黑色宝石，造型感极强，强调腰部的装饰性。

图 3-53

　　如图 3-53 所示，在极具奢华感的金色女装香奈尔（chanel）袖口处钉缝大量同色系的金属亮片，使袖口细节与服装的风格更加贴切并合二为一，同时加强了服装细节的肌理感，虽然此款服装颜色单一，但是大量使用了相同颜色的装饰辅料使整件服装显得更加高贵华丽。

图 3-54

如图 3-54 所示，法国、意大利的高级服装秀总会带给人惊艳四座的视觉震撼，当代设计师的法宝就是设计感极强的面料以及精美、独特的装饰细节，此款服装古驰（Gucci）的设计重点就是在领部添加的玫红色立体镂空装饰细节，玫红色和金色的珠子以及同色系的大颗宝石拼接与钉缝是整个细节设计的重点，相同的元素配合不同的方法就会有不同的视觉效果，设计师应该进行大胆的创新式设计。

图 3-55

如图 3-55 所示，飘逸唯美的蕾丝虚幻无边，肩部的珍珠装饰可以起到强调与点缀的作用，虚实相间，美不胜收。

二、刺绣

刺绣是指用针线在织物上绣制的各种装饰图案的总称，就是用针将丝线或其他纤维、纱线以一定图案和色彩在绣料上穿刺，以缝迹构成花纹的装饰织物总称。它是用针和线把人的设计理念和制作工艺加在任何织物上的一种艺术。刺绣是中国民间传统手工艺之一，在中国至少有二三千年历史。刺绣的技法有：错针绣、乱针绣、网绣、满地绣、锁丝、纳丝、纳锦、平金、影金、盘金、铺绒、刮绒、戳纱、洒线、挑花等等。一般用于服装装饰细节的刺绣都是比较简单和具有可操性的，装饰价值高于观赏价值。

图 3-56

图 3-57

如图3-56、3-57（作者李雪莉）所示，用气消笔在底料上画出图案位置，然后根据位置绗缝即可，此款装饰细节适用于针织开衫、毛衣、套装的领周、袖口等部位装饰。

图 3-58

图 3-59

图 3-60

　　如图 3-58、图 3-59（作者李雪莉），这两种装饰细节适用于袖口、领线、领边线等细小处的细节装饰；如图 3-60（作者郭思雯），此款装饰细节适用于衣摆、裙摆、毛衣领周、开衫衣襟处。

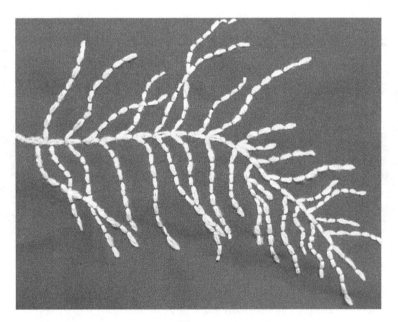

图 3-61

如图 3-61（作者郭思雯）所示，用白色毛线钉缝出图案的纹样，然后将已经钉缝好的纹样用红色细线做装饰分割即可。

 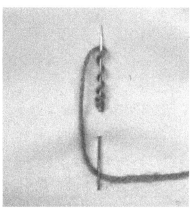

图 3-62 图 3-63

如图 3-62、图 3-63 所示先将针，（最好使用长针，缠绕的圈数比较多）自下而上地穿过底布，然后将彩色毛线（任何线都可以，只要和针的粗细匹配即可）缠于针上，不能缠绕的过紧或者过松。

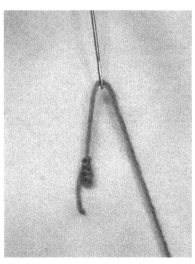 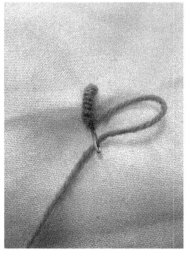

图 3-64 图 3-65

如图 3-64、图 3-65 所示，缠绕到所需长度后将针慢慢拔出后再自上而下的穿入底布固定。

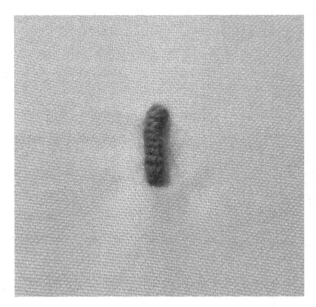

图 3-66

如图 3-66 未完成图

图 3-67

如图 3-67 整体完成图。

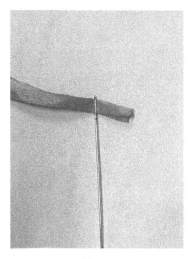

图 3-68

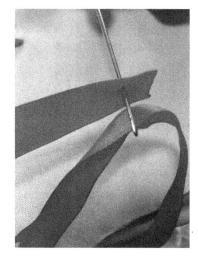

图 3-69

如图 3-68 所示，将丝带穿入针孔，拉出一部分长度。

如图 3-69 所示，将针尖刺入丝带头，穿入后形成节头，节头正好掐在针孔处即可。

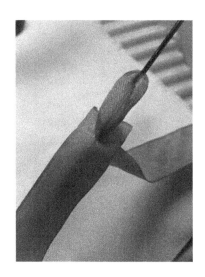

图 3-70

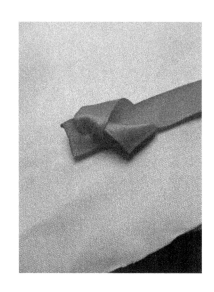

图 3-71

如图 3-70、图 3-71 所示，在丝带结尾处穿针后形成带套，抽紧带套形成一个丝带扣，用于固定丝带第一针。

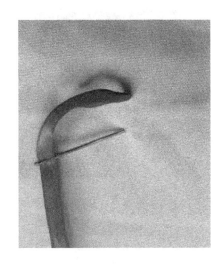 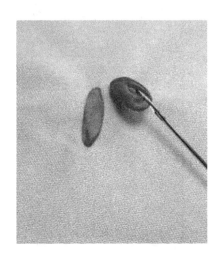

图 2-72   图 2-73

如图 3-72 所示，从底布背面进针，正面出针后再进针。

如图 3-73 所示，依次进针出针形成花瓣纹样雏形。

图 3-74

图 3-75　　　　　　　　　　　图 3-76

如图 3-75、图 3-76 所示，同样的方法做花蕊。

图 3-77

如图 3-77 完成图雏形。

图 3-78

如图 3-78 所示完成图。

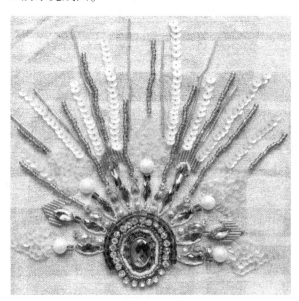

图 3-79

如图 3-79 所示，画出所需纹样，自下而上行针穿过亮片即可。

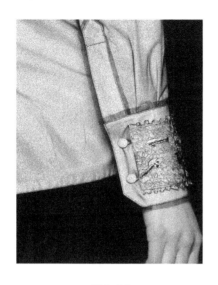

图 3-80

图 3-81

图 3-82

图 3-83

　　如图 3-80 所示，在衬衫袖口添加刺绣装饰，强调服装的精致程度；如图 3-81 在袖口处做呼应式的彩色刺绣，增强服装的民族色彩或风格；如图 3-82、图 3-83 所示，在领周、肩部以及袖口做浓郁饱满的民族风格刺绣，大胆的色彩组合是此款刺绣细节的一个亮点，精美的手工刺绣、浓郁艳丽的异域色彩无不体现着浓郁的民族风情。

图 3-84

如图 3-84 所示，在裙摆和薄纱衣上钉缝刺绣贴花装饰细节，打破了白色服装的单调感，强调了服装的色彩感与装饰效果。

三、贴花

贴花实际是刺绣的一种工艺技法，俗称贴布绣，即采用不同形状、尺寸的织物缝饰在另一种织物的表面所产生的效果。缝上去的织物可以在色彩、图案和质地上有所变化，既可使服装具有活泼、优雅、柔和之美感，又可使服装具有对比强烈、结构多样之效果。因为在服装装饰细节中比较常见，所以经常被设计师用在服装的各个部位做装饰性设计。贴花广泛用于各种服装的装饰，范围包括童装、家用便服、日常用服和晚礼服。

服装装饰细节贴花工艺是将贴花原料按照设计需要附加在服装上，简单固定后沿着贴花的边缘处用线或者胶带固定，这种装饰方法有两种。即贴花和嵌花，贴花就是将一种材料剪裁成所需图案覆盖在底料上面，用相配的针法缝或绣在底料上；嵌花是一种减法刺绣工艺，就是在准备嵌花处描绘上嵌花图案并将其剪去或者割去，然后用略大于剪去的图案的另一种材料填补上，嵌补边缘绣上相应的针法即可。选用哪一种方法，取决所装饰的服装布料以及所要达到的装饰效果。

图 3-85　　　　　　　　　　　　图 3-86

　　如图 3-85（作者李雪莉），先在圆形花片上钉缝装饰性线迹和珠子，然后将其沿着四周缝缀在底料上；如图 3-86（作者李雪莉），将剪裁好的花瓣按照草稿位置拼贴在底料上，用绗缝的方式沿着花瓣边缘固定。

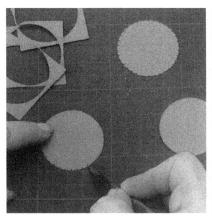

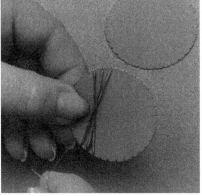

图 3-87　　　　　　　　　　　　图 3-88

图 3-89

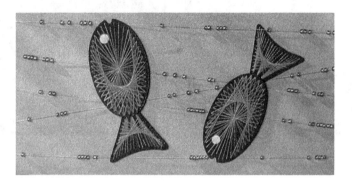

图 3-90

如图 3-87、图 3-88 所示，将卡纸的边缘用刀做切口，然后缠绕彩色毛线做装饰；如图 3-89 所示，将缠绕好的线花贴于底布即可；如图 3-90（作者李聪聪）方法同上。

图 3-91

图 3-92

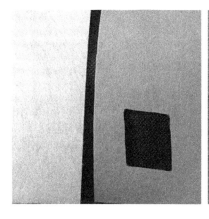 

图 3-93　　　　　　　　　　　　　图 3-94

　　如图 3-91 所示，剪出两个猫头鹰造型后贴在灰色底布上，然后在四周缝一圈金色装饰线即可；如图 3-92（作者于冬雪），剪出卡通贴片造型后组成树的样式；如图 3-93 所示，在灰色底布上剪出四个方形镂空；如图 3-94（作者谢美杰），将粉色的不织布衬在灰色镂空下面，最后添加米珠做装饰。

图 3-95　　　　　　　　　　　　　图 3-96

　　如图 3-95（作者吴杰），卡通人物贴花装饰是童装及时尚女装常用的细节装饰手法；如图 3-96（作者叶馨鸿），精美的不织布贴花装饰细节适用于童装及风格女装的装饰细节。

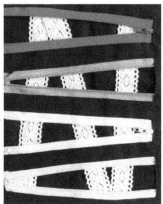

图 3-97   图 3-98

　　如图 3-97（作者郭奕麟），将各种颜色的小花片（或其他装饰贴片）直接钉缝在底布或者领子、前胸等部位是贴花最常见的手法之一；如图 3-98（作者郭奕麟），将拉链贴缝于底布，简单、随意，具有现代设计视觉感。

图 3-99   图 3-100

　　如图 3-99 所示，将花（金色圆形布片）片以刺绣的方式沿花片四周环绕钉缝即可；如图 3-100 所示，将具象的花片以中心固定的方式进行钉缝或者粘贴，花片四周不缝合固定，营造一种动感、自然的效果。

图 3-101

图 3-102

图 3-103

图 3-104

如图 3-101、图 3-102 所示，在厚重的精纺呢料上做刺绣工艺难度比较高，可将刺绣贴花以二次缝合的方式固定在女装大衣的衣襟和口袋位置，表现服装高档、精美的品质感；如图 3-103、图 3-104 所示，在厚重的面料上做不同风格、色彩和材质的贴花是很多秋冬高级女装的一个细节装饰重点。

图 3-105

如图 3-105 所示，大面积的夸张贴花可以突出整件服装的装饰细节亮点。

四、立体花饰

立体花饰是女装设计中不可或缺的重要装饰细节，也是最能体现女性浪漫优雅服装风格的装饰细节之一，立体花饰可以用于服装的各个部位以及细节处。制作立体花饰的面料不限、手法多样，花饰的风格与样式应该与服装的风格相一致。

图 3-106

图 3-107

图 3-108

图 3-109

如图 3-106 先将毛毡剪裁成五片圆形（作为花心的圆形略小）作为备用；如图 3-107 将圆形毛毡对折一次后再对折一次，在底部固定；如图 3-108 将固定好的五片花瓣按照上、下、左、右四个方向钉缝或者粘贴在一起，最后将花蕊粘在中心位置；如图 3-109 可以做成任何颜色的装饰花朵，最后添加绿色衬叶即可。

图 3-110   图 3-111

如图 3-110 按照图 3-111 的方法剪裁对折后，按照前、后的顺序排列花瓣位置，排列的方式不同，最终所形成的花饰样式完全不同，可以采用相同的工艺、不同色彩和材质的面料进行多种花饰的组合。

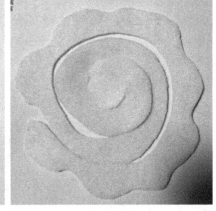

图 3-112   图 3-113

如图 3-112 将毛毡（可以尝试各种材质的面料）剪裁成云瓣形状；如图 3-113 任意找一个切入点按照由外到内的顺序做环绕式剪裁。

图 3-114　　　　　　　　　　　图 3-115

如图 3-114 按照由内到外的顺序缠绕花朵的形状；如图 3-115 完成图。

图 3-116

图 3-117　　　　　　　　　　图 3-118

如图 3-116 先将网纱剪成圆形（5 片）对折一次后再对折呈扇形；如图 3-117 将对折好的扇形从毛边处抽缝成花瓣，然后将五片花瓣钉缝在一起做成花型；如图 3-118 在花型的正面做各种（钉缝、粘贴等）装饰物即可。

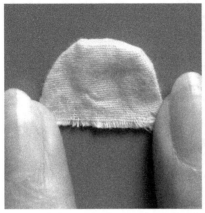 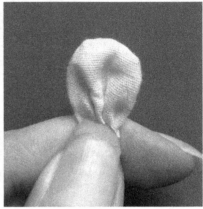

图 3-119   图 3-120

如图 3-119 将面料剪成 10 片半圆形，然后将两片（反面缝合）缝合在一起做成花瓣备用；如图 3-120 将花瓣的直线处抽缝，做成有褶皱的立体花瓣。

图 3-121

如图 3-121 将五片花瓣钉缝在一起做成花型后添加各种（钉缝、粘贴等）装饰物。

图 3-122

图 3-123

　　如图 3-122 将针织面料剪成条对折后作为花瓣（5 瓣）备用，将花瓣缝合成花型后添加装饰物；如图 3-123 将毛毡面料剪裁成黑色和红色两片备用，将红色面料用手针锁边后固定于黑色毛毡面料（黑色略大）之上，然后添加各种装饰即可，此款花型适用于任何风格和款式的服装。

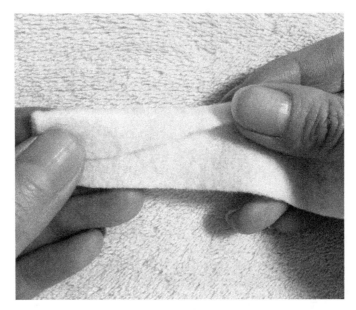

图 3-124

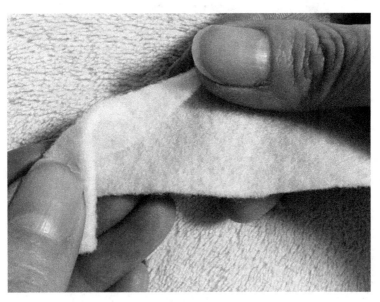

图 3-125

　　如图 3-124 将毛毡裁成长条后将其左上角翻折下来；如图 3-125 再从左向右翻折一次。

图 3-126

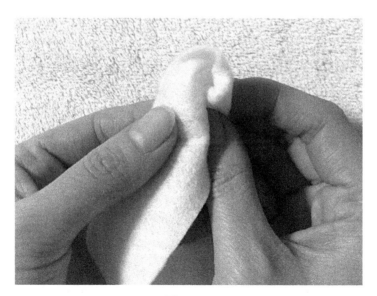

图 3-127

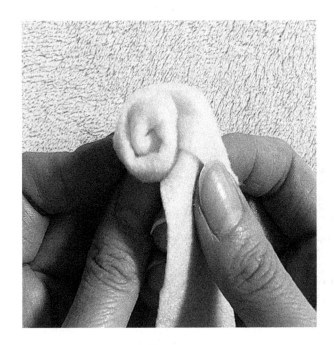

图 3-128

图 3-129

如图 3-126 将翻折角自左向右扭转,形成花心雏形;如图 3-127 换用右手将面料自右向左缠绕后固定;如图 3-128 继续缠绕成花型;如图 3-129 完成图。

图 3-130

图 3-131

图 3-132

　　如图 3-130 将缎带打褶后用线固定（白色线迹部分最好用缝纫机缝合）；如图 3-131 将固定好的长条绕成花型；如图 3-132 完成图。

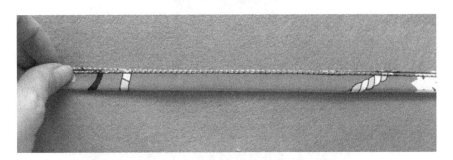

图 3-133

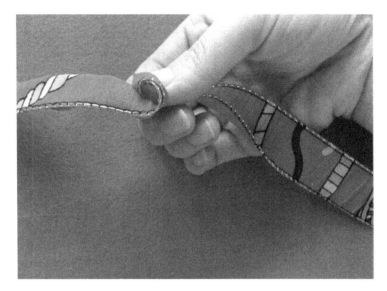

图 3-134

图 3-135

如图 3-133 将面料裁成长条后对折(需要锁边);如图 3-134 缠绕一个点用手固定当作花心;如图 3-135 将花心左侧部分面料缠绕成花型。

图 3-136

图 3-137

图 3-138

如图 3-136 再将剩余的右侧部分面料缠绕成花型。如图 3-137 将花心右侧部分继续缠绕成一朵完整的花型。如图 3-138 完成图,按照此方法做多个花饰后固定在一起形成全新的花盘效果,用于连衣裙、针织衫等服装的局部。

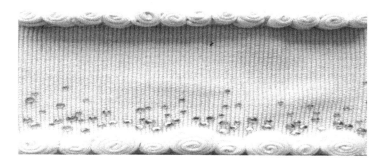

图 3-139

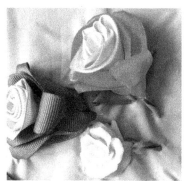

图 3-140

图 3-141

图 3-142

图 3-143

如图 1-139(作者曲金铭);如图 3-140 至图 3-143(作者付雪然)。

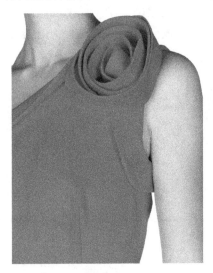

图 3-144

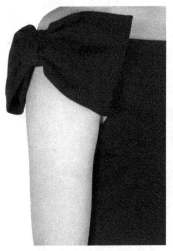

图 3-145

图 3-146

  如图 3-144 至图 3-146 所示,在简洁、雅致的女装连衣裙肩部添加立体花饰,增加了服装的立体感和层次感,同时可以使服装产生一种优雅、可爱、高贵的风格特征。一个小小的立体花饰可以给服装带来完全不同的视觉感受,无论是任何材质、风格的服装都可以适当地添加立体花饰作为细节装饰。

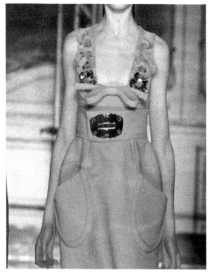

图 3-147

图 3-148

图 3-149

图 3-150

　　如图 3-147 至图 3-150 所示,分别在肩部、裙摆处添加立体花饰(mi-umiu)增加了服装的视觉冲击力,设计师将设计重心由服装款式设计转移到服装的装饰细节设计。

图 3-151   图 3-152

图 3-153   图 3-154

　　如图 3-151、图 3-152 所示,在肩部与领部使用和服装相同颜色和面料的立体花饰,增加了服装的整体感和强烈的风格感。如图 3-153、图 3-154所示,在前胸和肩部添加夸张的立体花饰,增加了服装的视觉冲击效果以及服装的立体感。

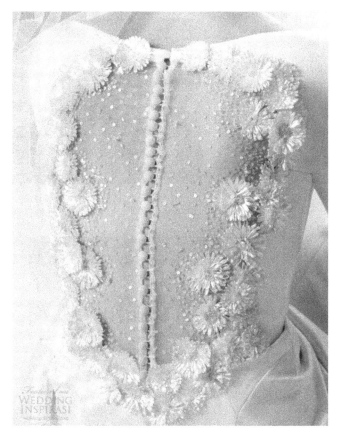

图 3-155

如图 3-155 所示,将白色缎带裁成长条后对折变成菊花花瓣的形状,然后将所有花瓣盘成花型后固定,最后将所有的立体花饰钉缝在婚纱的背部,最后添加亮片、水钻等装饰。

五、编织编结

辫带装饰是常用的编织和编结的方法可用于装饰各类服装的细节部位,一般用对比色或对比结构,强调服装的风格线和边线,也可以用同类色或者近似色辫饰加强服装的整体感和精致度。辫带装饰是具有一定长度的狭窄带子,也可以是直接钩编与服装边缘的装饰性边条,制作辫带装饰细节的时候可用数根纱编制,也可以用管状面料分股编结,还可以用钩针钩编等等方法多样,装饰性极强,具有色彩丰富,结构繁多的动感视觉效果,经常运用在高档女装香奈尔(Chanel)及女士配饰细节设计。

 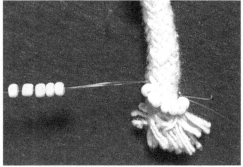

图 3-156　　　　　　　　　　　图 3-157

图 3-158

图 3-159

如图 3-156 所示,在粗麻绳(任何材质都可以,只要有弧度可以做缠绕式钉缝即可,也可以在衣襟、衣摆处做缠绕式钉缝)上自右向左进针。如图3-157 所示,出针后在针尖部位穿 6 颗米珠,穿好后将针拔出。如图 3-158所示,重复自右向左进针顺序(这样的话之前穿在针尖的 6 颗米珠会自然缠绕在粗麻绳之上)。如图 3-159,完成图。

图 3-160　　　　　　　　　　　　　图 3-161

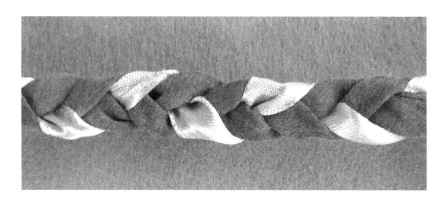

图 3-162

如图 3-160 所示,将面料剪裁成长条后缝合(避免毛茬),选择粉色、紫色以及蓝色同类色做编结使整个辫饰看起来柔和雅致,此种辫饰是最基本的辫饰方法,也是在服装边饰中用的最频繁的一种装饰细节,设计师可以通过改变辫饰的编织材料(可以模仿 Chanel 做毛边辫饰或者在辫饰中编织彩珠和钻石等)和色彩形成各种形式和样式的辫饰装饰细节;如图 3-161、图 3-162 用同色系的缎带做辫饰。

图 3-163

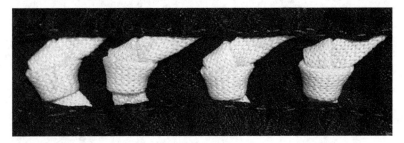

图 3-164

图 3-165

如图 3-163 将红色毛线做 N 字形密集排列后将两边固定,在线与线的缝隙处做蓝色线圈式流苏,做好后固定。为了增加色彩层次,可以在红色部分钉缝白色毛线做装饰。如图 3-164 将线绳打结,然后固定于面料之间。如图 3-165 将金色角珠按照菱形排列钉缝于面料之上,然后在空隙处添加珍珠等任何装饰物。

图 3-166

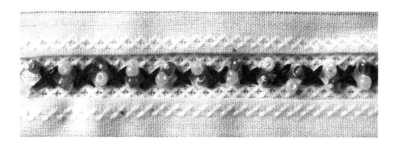

图 3-167

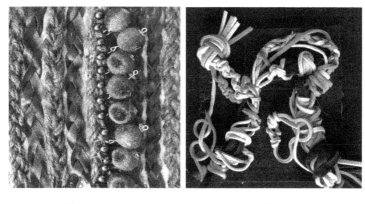

图 3-168　　　　　　　　　　　　图 3-169

　　如图 3-166 白色毛线盘成 1 厘米宽度的圆形后固定,按照一定的间隔在白色线排上用金线做装饰性钉缝,然后根据自己的设计需要添加珍珠、角珠、亮片等装饰细节。如图 3-167 在底布上用白线缝出编织纹样,然后用黑色线串珠后缝交叉样式编织肌理。

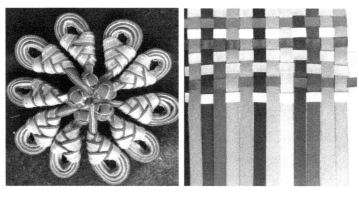

图 3-170　　　　　　　　　　　　图 3-171

图 3-172　　　　　　　　　图 3-173

　　如图 3-168(作者温雨澄),将同色系(灰色)不同材质的线编织成辫带装饰,在编织的同时可以加入珠子、小球等装饰物。如图 3-169(作者张艾莹),将各种颜色的皮绳编织和缠绕在一起。如图 3-170(作者郭奕麟)中国传统的古典盘口编织肌理。如图 3-171(作者叶馨鸿)、图 3-172(作者王然)、图 3-173(作者郭奕麟)将各色缎带以交叉的形式编织在一起。

图 3-174

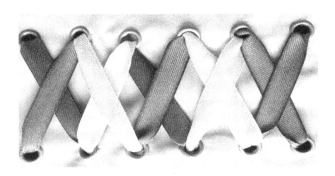

图 3-175

　　如图 3-174(作者王鹏华)、图 3-175(作者王然)为各种形式、不同材质的编织肌理。

图 3-176

图 3-177

图 3-178

　　如图 3-176、图 3-177 所示,领口及腰部的辫带装饰为整件服装的重点装饰细节,同色系同面料的编织细节提升了服装的整体感与精细度;如图 3-178 所示,腰部和肘部的编织装饰细节作为整件服装的点睛之笔,强调服装风格的同时提升了服装的华丽感。

图 3-179　　　　　　　　　　　　　图 3-180

图 3-181　　　　　　　　　　　　　图 3-182

　　如图 3-179、图 3-180 是典型的锁边式边饰。在服装的边缘处通过编织、编结的方法进行锁边,主要目的不是怕面料毛边,而是通过边缘处的装饰添加增加服装的独有的特色细节和独一无二的成衣品质,形成标志性的装饰细节,通过这种简单的细节提高品牌的辨识度。如图 3-181、图 3-182 在袖口和前襟处添加辫饰,强调了服装的风格感和帅气效果。

图 3-183

如图 3-183 所示,在领口、袖口、肩部、底摆、口袋边等边缘处做对比强烈的红白色装饰边线,使服装的轮廓感更加清晰,精致度提升。简单的边线可以使低调、简约的正装变得大气与经典。

图 3-184

如图3-184所示,香奈尔(Chanel)标识性的双色(三色)边饰可以说是这个品牌独一无二、经久不衰的特色之一。在服装的边缘处添加装饰性边饰,使廓形清晰、精致大气、风格特征明显,也是现在很多品牌纷纷效仿的装饰细节手法。

图3-185

如图3-185所示,将宝石、金属链条与辫饰编织在一起也是香奈尔(Chanel)的装饰细节特征之一,任何材质和色彩都可以成为辫饰的构成元素,关键是如何将现有材料以新颖有趣的方式编织在一起。

图3-186

如图 3-186 所示,将黑白两色的粗线与红色的金属线编织在一起,增加了辫饰的层次感和色彩效果,提升服装价值。

六、褶裥

褶裥是服装美学中最具有审美意义的服装细节之一,它可以是浪漫的、华丽的、简约的、精致的、灵动的等等各种不同的褶子形状,人们对褶裥的设计与审美在不断地提高。在服装装饰细节中,传统的褶裥是随意的自由褶纹,而现代的设计师们的喜欢做精细安排与刻意创作,因此服装上的褶裥已出现了堆砌状、发散状等,同时细皱褶、顺风褶、工字褶等褶裥形式也在服装中大量出现。

抽缝、熨烫、折叠是现代设计师对褶子处理惯用的几种手法,根据不同的设计需要制作不同感觉和样式的褶子。抽线或松紧缝制法可以通过用线抽出的工艺方法来形成。用手工或缝纫机在面料上运用较宽针距缝制,并留出一段线头,然后逐渐抽紧线头,直到面料缩进至设计所需要的尺寸,这样就会形成许多细密且自然的垂皱;将面料经过多次折叠后固定的方法也是取得褶裥的有效方法。

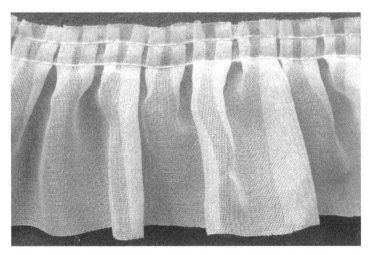

图 3-187

如图 3-187 所示,将面料剪裁成所需长度与宽度后进行堆褶,然后用缝纫机固定即可。褶裥的形成离不开面料的堆积与折叠,褶子的形状与弯曲程度取决于折叠的大小以及面料的软硬程度。

图 3-188

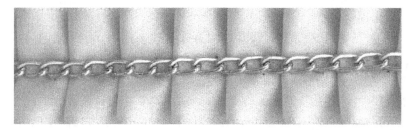

图 3-189

图 3-190

如图 3-188 将网纱打褶后固定在底布上,然后钉缝珍珠等装饰物。如图 3-189 将锦缎打褶后固定,然后钉缝金属链条即可。如图 3-190 将罗纹布锁边后堆折,然后添加宝石等装饰物即可。此款细节用于衬衫、连衣裙的袖口及领口部分。

图 3-191

图 3-192

　　如图 3-191 所示,同色系的缎带堆褶后固定,然后添加各种装饰细节。如图 3-192(作者周怡婷),将纸折叠后摆成花的造型,注意整个画面的构图安排。

图 3-193   图 3-194

图 3-195   图 3-196

　　如图 3-193 所示,在领子周围添加红色的波浪褶裥,使服装的女性特征更加明显;如图 3-194 所示,添加肩部的褶裥细节,有提升气质、拉长脸型的双重作用;如图 3-195 所示,在裙摆处做多层次装饰褶裥,使服装的外廓型更加清晰明确;如图 3-196 所示,腰部随意的系扎所形成的褶裥简单、大气不失优雅。

图 3-197

图 3-198

图 3-199

图 3-200

　　如图 3-197 至图 3-199 的波浪褶是斜向剪裁面料后利用面料自然流淌的悬垂感而形成的自然形式的褶子,这种褶子自然、简单且没有压抑感与制造感,女性特征明显,适用于连衣裙、礼服等任何女性服装的细节装饰。如图 3-200 袖口以及裙摆处的褶裥用折叠排列的方式做成,加上挺括感的面料以及严谨的黑色,使整件服装呈现哥特风格的神秘感与体积感。

图 3-201

如图 3-201 所示,随意而散漫的褶裥强调整件服装浪漫、优雅的女性风格特征。

七、流苏

流苏是一种下垂的穗子,常用于服装的裙边下摆处。流苏的美感就在于那种不羁的运动感和悬垂感,很多服装(街头风格、朋克风格、浪漫风格)缺少了流苏这一细节就难以达到它所要表达的服装风格。唐代妇女流行的头饰金步摇,是其中一种。制作流苏的材料多种多样,可用本色布或用其他各种颜色和结构的纱线制成,也可以以羽毛、金属扣、珠串等任何服装面料以及辅料制成,利用制作流苏的基本技巧,可变化制作出各种不同质感、不同动感以及不同疏密程度的流苏。

图 3-202   图 3-203

　　如图 3-202(作者李聪聪),此款流苏是用管珠串成一串做成的流苏效果,和金属链条穿插钉缝在一起呈现现代感的流苏样式,适用于衣摆、袖口以及包袋等配饰。如图 3-203(作者李聪聪)方法同上。

图 3-204

图 3-205

　　如图 3-204(作者姜源)金属链构成的 U 型流苏。如图 3-205 羽毛排列形成的流苏效果。

图 3-206

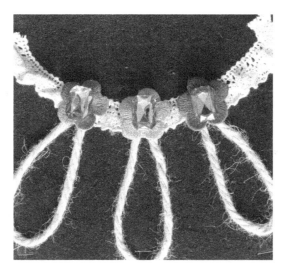

图 3-207

如图 3-206(作者张艾莹)将缎带剪成条后排列形成流苏效果。如图 3-207 麻绳构成的 U 型流苏(任何材质经过加工设计都可以变为流苏)。

图 3-208

图 3-209

如图 3-208 各种木珠穿成的具有民俗风格的流苏。如图 3-209 将白色及红色毛线裁成长条备用,将白色的毛线拆股(为了使白色和红色的毛线在质地上有所区别,做到粗中有细,产生活泼的效果)后与红色毛线在一头缠绕固定即可。此款流苏适用于民族风格的服装衣摆、背部以及配饰的细节装饰。

图 3-210

图 3-211

如图 3-210(作者孔希),将黑色流苏与红黑质地的面料组合,形成具有民族特色的装饰细节。如图 3-211 所示,金属色系的流苏配合各色宝石装饰,大气而充满异域风情。

图 3-212

如图 3-212,摇曳飘荡的流苏做衣摆装饰细节,增加了服装的动感和层次,拉长了服装的线条,强调服装的廓形。

图 3-213　　　　　　　　　　　　图 3-214

图 3-215　　　　　　　　　　　　图 3-216

　　如图 3-213、图 3-214 所示，模特胸前及肘部的流苏随动而动，强调服装帅气、中性的艺术风格。如图 3-215 肩部流苏使礼服看起来更加的朦胧与性感。如图 3-216 边缘处的流苏装饰使服装更加有层次感和动态感。

图 3-217　　　　　　　　　　　　　　　图 3-218

图 3-219　　　　　　　　　　　　　　　图 3-220

　　如图 3-217 裙摆纵向的流苏装饰与横向的编织肌理遥相呼应,拉长服装的外在轮廓。如图 3-218、3-219 在服装的边缘处添加流苏细节,使服装的廓形和层次感更加分明;如图 3-220 在裙摆处添加流苏增加了服装的整体感和造型感。

图 3-221   图 3-222

图 3-223   图 3-224

    如图 3-221 至图 3-224,添加了流苏皮条的包袋显得更加大气、帅性,流苏的装饰性不仅仅体现在服装上,包袋、鞋子、家居产品等等都可以使用流苏强调产品的风格与品位。

图 3-225

如图 3-225 所示，如果没有流苏的装饰效果，此款服装会显得僵硬且呆板，添加流苏后整个服装看起来非常具有设计感以及体积感，符合发布会及秀场服装的独特性与高辨识度。

八、毛边

毛边就是面料经过剪裁而没有缝缘的布边，通常是毛茸茸或者柔软的，它是相对光边、包边而言。毛边装饰是现代服装常用的装饰手法之一，利用面料本身的特性，通过剪切、抽丝等方法使面料的边缘处形成如流苏般的毛边，它与流苏的区别在于毛边是直接在面料上做短促而柔软的毛茬状的边缘装饰。

传统的服装观念对于面料毛边的处理是非常肯定与极端的，会将所有毛边统统缝合与包合起来以保证服装外观的完整性，而现代的很多服装恰恰是利用面料的毛边作为整件服装设计的切入点进行设计。越是毛茬的边缘越是服装风格的体现。

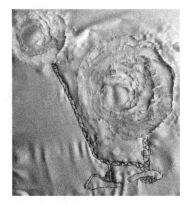

图 3-226   图 3-227

    如图 3-226(作者郝聪慧),利用针织面料容易水边的特点将面料的边缘处做抽丝处理,形成形态各异的毛边效果(香奈儿女装的经典装饰细节)。如图 3-227 所示,梭织面料没有经纱、纬纱的交错,可以通过对面料的剪切形成模糊的毛边效果。

图 3-228   图 3-229

    如图 3-228 所示,利用厚呢面料剪裁后的毛边做出自然、随意的装饰效果。如图 3-229 所示,将羊毛毡剪成短茬后拼接蕾丝花边。

图 2-230

如图 3-230(作者孔希)粗糙的毛边和磨毛效果使装饰细节看起来更加粗犷与个性。

图 2-231

如图 3-231(作者李雪莉)将面料剪裁成所需长度备用(根据设计需要决定做成毛茬边或者是净板边),然后将面料简单随意缠绕成花型,缠绕的松弛度、弧度完全根据自己的设计需求而变化,可以尝试使用不同的材质(柔软、挺括、厚、薄等)进行花饰的多种缠绕设计。

图 3-232   图 2-233

图 3-234

　　如图 3-232 至图 3-234,将领口、袖口以及裙摆处做毛边装饰是香奈尔 (Chanel)常用的装饰细节手法,利用面料经纱和纬纱的抽丝处理弱化服装的轮廓感,使服装显得柔和、细腻、可爱,毛边装饰还可以提高品牌的品质感和辨识度。

图 3-235　　　　　　　　　　　图 2-236

图 3-237　　　　　　　　　　　图 2-238

如图 3-235 所示,袖子的毛边装饰就是利用面料本身的纱线松散性进行抽纱处理,然后将各种面料抽纱后拼接在一起形成或长或短、或疏或密的毛边装饰效果。如图 3-236 在面料上做剪切、打磨等做旧手段使服装产生毛边的破旧感,强调了服装帅气、不羁的中性化风格。如图 3-237 在服装的领口和口袋边缘处做毛边装饰细节,使服装的外在层次看起来更加丰富和饱满,添加边饰后显得更加精致、耐看,同时在毛边的基础上添加白色及蓝色的宝石装饰,增加服装的华丽感和层次感。如图 3-238 服装的毛边装饰处理既可以简单又细致也可以复杂且张扬,此款服装的肩部毛边装饰细节高耸而挺拔,此款服装的肩部毛边虽然是以装饰边的形式出现,但它是整件服装的视觉重心着眼点,新颖、独特而有趣味性。

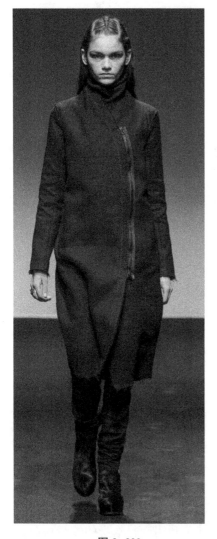

图 3-239　　　　　　　　　　　图 3-240

如图 3-239H 型的外套没有做包边处理,整件服装的边缘处(肩部、袖口、衣摆)毛边全部裸露在外,粗犷外放的毛边处理正是这件外套与众不同的装饰细节手法。如图 3-240 肩部和前胸做不规则的毛边细节,通过细节强调服装的设计感。

课后习题：

(1)学习和熟练运用 8 种工艺技法做服装装饰细节设计。

(2)用 8 种工艺技法做出 64 种不同的装饰细节效果。

第四章　服装装饰细节设计与制作实训

第四章　服装装饰细节设计与制作实训

学习目标：通过添加装饰细节改变或者稳固服装风格
重点及难点：通过添加装饰细节增加服装的品质与品位

第一节　裙装类装饰细节设计实训

一、休闲连身裙

（一）分析服装数据

（1）款式：直线型长裙。
（2）色彩：灰色+粉色。
（3）面料：针织。
（4）风格：简约、休闲、中性。

（二）确定工艺创新手法

（1）在肩部添加粉色装饰性扣子。
（2）扣子制作方法（如图4-1）如下。
①用粉色、蓝色、白色的毛线分别在丝绒底布上做花型刺绣。
②将刺绣好的图案底布包缠在纽扣（大小不等）上并固定。
③添加米色蕾丝花边。

（三）最终成衣效果

如图4-2，（作者迟晓兰）将做好的装饰细节用PS软件添加到服装（在网上找服装图片或者用自己的服装拍成图片都可以）的各个部位进行比对后确定装饰位置，做成最终效果图，要求每个学生至少要交4-6幅设计作品。

图 4-1

图 4-2

二、无袖连身裙

（一）分析服装数据

（1）款式：A型修身无袖连身裙。
（2）色彩：红色。
（3）面料：针织。
（4）风格：简约、优雅。

（二）确定工艺创新手法

（1）在领周添加项链式装饰物。
（2）项链装饰制作方法（如图4-3、4-4）如下。
①在连身裙上用气消笔画出所需纹样。
②将金色别针串上双色米珠（黑色3颗，红色5-6颗不等）。
③按照纹样穿插或者钉缝在服装上。

（三）最终效果图

如图4-5（作者迟晓兰）将做好的装饰细节（二选一使用，最后作者选择图4-4为装饰细节使用）用Photoshop软件添加到服装（在网上找服装图片或者用自己的服装拍成图片都可以）的各个部位进行比对后确定装饰位置，做成最终效果图，要求每个学生至少交4-6幅设计作品。

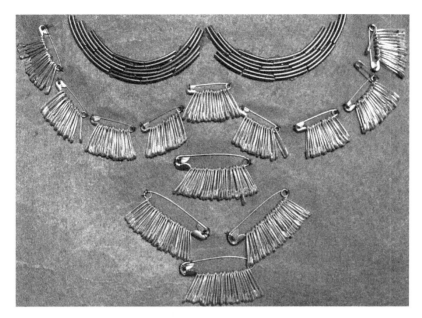

图 4-3

图 4-4

图 4-5

三、背心式连身裙

（一）分析服装数据

（1）款式：背心式无袖 A 型裙。

（2）色彩：玫红色。

（3）面料：雪纺。

（4）风格：时尚、简约、活力。

（二）确定工艺创新手法

（1）在领线处添加精致的撞色花型装饰细节。

（2）亮片装饰制作方法（如图 4-6）如下。

①用气消笔在黄色不织布上画出所需纹样位置。

②用钩针钩花 20 多备用。

③按照纹样将管珠钉缝在不织布上。

④将钩花固定在管珠上即可。

（三）最终效果图

如图 4-7（作者谢美杰）将做好的装饰细节用 PS 软件添加到服装（在网上找服装图片或者用自己的服装拍成图片都可以）的各个部位进行比对后确定装饰位置，做成最终效果图，每个学生至少交 4-6 幅设计作品。

图 4-6

图 4-7

四、半袖连身裙

（一）分析服装数据

（1）款式：半袖中腰 A 型裙。

（2）色彩：红色。

（3）面料：针织。

（4）风格：高贵、精致、华丽。

（二）确定工艺创新手法

（1）在领线及前胸处添加亮片装饰细节。

（2）亮片装饰制作方法（如图 4-8）如下。

①用细棉线在领口处画出所需纹样位置。

②按照纹样将亮片条固定在所需位置。

③钉缝米珠及管珠等装饰物。

（三）最终效果图

如图 4-9（作者李聪聪）将做好的装饰细节用 PS 软件添加到服装（在网上找服装图片或者用自己的服装拍成图片都可以）的各个部位进行比对后确定装饰位置，做成最终效果图，每个学生至少交 4-6 幅设计作品。

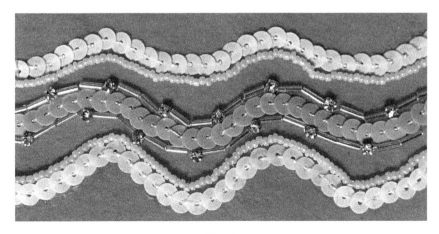

图 4-8

图 4-9

五、无袖连身裙

（一）分析服装数据

（1）款式：H 型无袖连身裙。
（2）色彩：绿色。
（3）面料：雪纺。
（4）风格：时尚、简约、高档。

（二）确定工艺创新手法

（1）在领周添加装饰钉珠。
（2）装饰钉珠创新手法（如图 4-10）如下。
①在领周用细棉线钉缝处所需纹样位置。
②按照位置钉缝即可。

（三）最终效果图

如图 4-11（作者李聪聪）将做好的装饰细节用 PS 软件添加到服装（在网上找服装图片或者用自己的服装拍成图片都可以）的各个部位进行比对后确定装饰位置，做成最终效果图，要求每个学生至少交 4-6 幅设计作品。

图 4-10

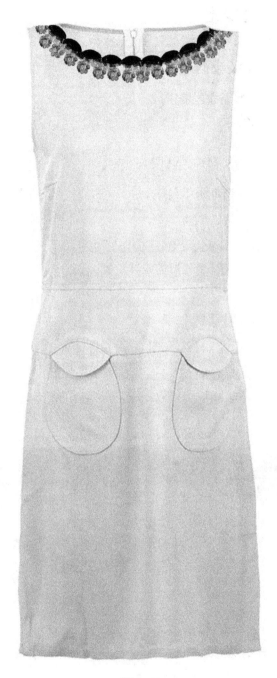

图 4-11

六、长袖连身裙

（一）分析服装数据（效果图）

（1）款式：收腰长袖连身裙。
（2）色彩：黑色。
（3）面料：针织。
（4）风格：高贵、精美、大气。

（二）确定工艺创新手法。

（1）在领周添加装饰钉珠。
（2）装饰钉珠创新手法（如图 4-12）如下。
①在领周用细棉线钉缝处所需纹样位置。
②按照位置将珍珠、亚克力珠宝黏贴。

（三）最终效果图

如图 4-13（作者于冬雪）将做好的装饰细节用 PS 软件添加到服装（在网上找服装图片或者用自己的服装拍成图片都可以）的各个部位进行比对后确定装饰位置，做成最终效果图，要求每个学生至少交 4-6 幅设计作品。

图 4-12

图 4-13

第二节 毛衣开衫类装饰细节设计实训

一、休闲开衫

(一) 深 V 领短款开衫

1. 分析服装数据

（1）款式：深 V 领短款开衫。
（2）色彩：粉色。
（3）面料：针织。
（4）风格：简约、清新、甜美。

2. 确定工艺创新手法

（1）满地式装饰物钉缝。
（2）装饰物制作方法（如图 4-14）如下。
①在不织布上按照图形所需剪出小鸟的身体（橘色 2 片）、嘴巴（黄色 1 片）、翅膀（灰色 1 片）、眼睛（灰色 2 片、蓝色 1 片、橘色 1 片、黑色 1 片）、鸟爪（白色绳子一根）等裁片备用。
②做出眼睛的造型后钉缝在身体裁片上，然后将翅膀身体裁片缝合。
③将裁片缝合后中间填充少许太空棉后缝合缝隙。

3. 最终效果图

如图 4-15，（作者李聪聪）将做好的装饰细节用 Photoshop 软件添加到服装（在网上找服装图片或者用自己的服装拍成图片都可以）的各个部位进行比对后确定装饰位置，做成最终效果图，每个学生至少交 4-6 幅设计作品。

图 4-14

图 4-15

（二）深 V 领长款休闲开衫

1. 分析服装数据

（1）款式：深 V 领长款休闲开衫。

（2）色彩：浅紫色。

（3）面料：针织。

（4）风格：休闲、随意。

2. 确定工艺创新手法

（1）在前襟处添加装饰花。

（2）装饰花边制作方法（如图 4-16）如下。

①用钩针勾出白色花边备用。

②将亮片及珍珠固定在花边边缘处。

3. 最终效果图

如图 4-17（作者李聪聪）将做好的装饰细节用 PS 软件添加到服装（在网上找服装图片或者用自己的服装拍成图片都可以）的各个部位进行比对后确定装饰位置，做成最终效果图，每个学生至少交 4-6 幅设计作品。

图 4-16

图 4-17

二、短款开衫

（一）V 领短款修身开衫

1. 分析服装数据

（1）款式：V 领短款修身开衫。
（2）色彩：大红色。
（3）面料：针织。
（4）风格：华丽、高贵。

2. 确定工艺创新手法

（1）前衣片钉缝刺绣毛线花朵。
（2）刺绣花朵制作方法（如图 4-18）如下。
①在黑色网纱上按照花瓣的形状平缝刺绣出花朵的造型。
②然后再花朵表面钉缝装饰性管珠、钻石。

3. 最终效果图

如图 4-19，（作者李聪聪）将做好的装饰细节用 Photoshop 软件添加到服装（在网上找服装图片或者用自己的服装拍成图片都可以）的各个部位进行比对后确定装饰位置，做成最终效果图，每个学生至少交 4-6 幅设计作品。

图 4-18

图 4-19

（二）V 领短款修身开衫

1. 分析服装数据

（1）款式：V 领短款修身开衫。
（2）色彩：大红色。
（3）面料：针织。
（4）风格：华丽、高贵。

2. 确定工艺创新手法

（1）前衣片钉缝刺绣毛线花朵。
（2）刺绣花朵制作方法（如图 4-20）如下。
①在黑色网纱上按照花瓣的形状平缝刺绣出花朵的造型。
②然后再花朵表面钉缝装饰性管珠、钻石。

3. 最终效果图

如图 4-21，（作者李聪聪）将做好的装饰细节用 PS 软件添加到服装（在网上找服装图片或者用自己的服装拍成图片都可以）的各个部位进行比对后确定装饰位置，做成最终效果图，每个学生至少交 4-6 幅设计作品。

图 4-20

图 4-21

（三）圆领短款修身开衫

1. 分析服装数据

（1）款式：圆领短款修身开衫。
（2）色彩：大红色。
（3）面料：针织。
（4）风格：优雅、简单。

2. 确定工艺创新手法

（1）在领周做宝石类装饰镶嵌。
（2）装饰细节制作方法（如图4-22）：将所需材料钉缝在领周即可。

3. 最终效果图

如图4-23，（作者李聪聪）将做好的装饰细节用Photoshop软件添加到服装（在网上找服装图片或者用自己的服装拍成图片都可以）的各个部位进行比对后确定装饰位置，做成最终效果图，要求每个学生至少交4-6幅设计作品。

图4-22

图 4-23

三、套头毛衫

（一）分析服装数据

（1）款式：圆领长款款毛衫。

（2）色彩：粉色。

（3）面料：针织。

（4）风格：休闲、慵懒、随意。

（二）确定工艺创新手法（图4-24）

（1）在不织布上画出纹样大概位置。

（2）将所需图案钉缝即可。

（三）最终效果图

如图4-25，（作者李聪聪）将做好的装饰细节用 Photoshop 软件添加到服装（在网上找服装图片或者用自己的服装拍成图片都可以）的各个部位进行比对后确定装饰位置，做成最终效果图，要求每个学生至少交 4~6 幅设计作品。

图 4-24

图 4-25

第三节　衬衫类装饰细节设计实训

一、分析服装数据

（1）款式：翻领长款衬衫。
（2）色彩：蓝色。
（3）面料：纯棉。
（4）风格：休闲、中性。

二、确定工艺创新手法

按照所需纹样钉缝即可（图4-26）。

三、最终效果图

如图4-27，（作者李聪聪）将做好的装饰细节用Photoshop软件添加到服装（在网上找服装图片或者用自己的服装拍成图片都可以）的各个部位进行比对后确定装饰位置，做成最终效果图，要求每个学生至少交4~6幅设计作品。

图4-26

图 4-27

第四节　外套类装饰细节设计实训

一、牛仔外衣

（一）分析服装数据

（1）款式：立领短款牛仔外衣。

（2）色彩：水洗蓝色（浅色）。

（3）面料：牛仔。

（4）风格：休闲、时尚、华丽。

（二）确定工艺创新手法

（1）在育克部分手绘装饰图案。

（2）装饰图案制作方法（如图4-28）如下。

①用铅笔在育克部分描绘图案草图。

②用黑笔清晰并确定图案。

③在图案部分钉缝钻石及亮片即可。

（三）最终效果图

如图4-29，（作者于冬雪）将做好的装饰细节用 Photoshop 软件添加到服装（在网上找服装图片或者用自己的服装拍成图片都可以）的各个部位进行比对后确定装饰位置，做成最终效果图，要求每个学生至少交 4-6 幅设计作品。

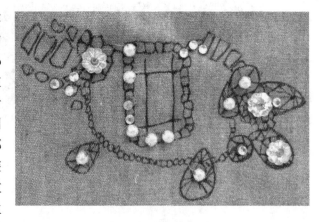

图4-28

图 4-29

二、大衣

（一）青果领 A 型女士大衣

1. 分析服装数据

（1）款式：青果领 A 型女士大衣。

（2）色彩：紫色。

（3）面料：呢。

（4）风格：可爱、华丽、时尚。

2. 确定工艺创新手法

（1）添加纸质装饰贴片。

（2）贴片制作工艺（如图 4-30）如下。

①剪出大小相同的圆片 11 片（硬卡纸）。

②在每一个圆片的外围做相同距离的切口。

③在切口处用各色毛线缠绕。

④将缠绕毛线后的圆片固定为独立花型。

3. 最终效果图

如图 4-31（作者李聪聪）将做好的装饰细节用 PS 软件添加到服装（在网上找服装图片或者用自己的服装拍成图片都可以）的各个部位进行比对后确定装饰位置，做成最终效果图，要求每个学生至少交 4-6 幅设计作品。

图 4-30

图 4-31

（二）大翻领女士大衣

1. 分析服装数据

（1）款式：大翻领女士大衣。
（2）色彩：浅米色。
（3）面料：羊绒。
（4）风格：高贵、优雅。

2. 确定工艺创新手法

（1）在领部添加刺绣钉缝装饰。
（2）装饰物的工艺技法（如图4-32）如下。
①用白色粗毛线做线迹刺绣。
②选择相同风格和色系的木扣钉缝做装饰。

3. 最终效果图

如图4-33，（作者郭思雯）将做好的装饰细节用 PS 软件添加到服装（在网上找服装图片或者用自己的服装拍成图片都可以）的各个部位进行比对后确定装饰位置，做成最终效果图，要求每个学生至少交 4-6 幅设计作品。

图 4-32

图 4-33

（三）A 型女士大衣

1. 分析服装数据

（1）款式：A 型女士大衣。
（2）色彩：红色。
（3）面料：羊绒。
（4）风格：简约、雅致。

2. 确定工艺创新手法

（1）在领部添加刺绣钉缝装饰。
（2）装饰物的工艺技法（如图 4-34）如下。
①将红色米珠穿串后围绕白色亚克力宝石盘绕成型。
②穿插白色圆形亮片。

3. 最终效果图

如图 4-35，（作者于冬雪）将做好的装饰细节用 Photoshop 软件添加到服装（在网上找服装图片或者用自己的服装拍成图片都可以）的各个部位进行比对后确定装饰位置，做成最终效果图，要求每个学生至少交 4-6 幅设计作品。

图 4-34

图 4-35

课后习题：

按照每一节所授内容做相关练习。

分组讨论，点评作业。

参考文献

参考文献

[1]张庆电.服装造型中细节设计理念及技术的应用研究[J].轻工科技:2017(9).

[2]薛煜东,马海亭.中式服装元素在时尚女装中的应用[J].轻纺工业与技术:2015(6).

[3]彭琬棣.针织服装接缝的设计与创新应用[D].北京:北京服装学院,2017.

[4]田予诗.宝玉石装饰与现代服装一体化设计的研究[D].大连:大连工业大学,2015.

[5]卢博川.女性白色礼服的细节设计研究[D].苏州:苏州大学,2014.

[6]唐沙.珠绣—服装中璀璨的立体绣塑[D].武汉:湖北美术学院,2015.

[7]王思宇.立体主义在服装结构设计中的应用研究[D].沈阳:沈阳师范大学,2016.

[8]朱莉娜.服装设计基础[M].上海:东华大学出版社,2016.

[9]侯家华.服装设计基础[M].北京:化学工业出版社,2014.

[10]刘元风,胡月.服装艺术设计[M].北京:中国纺织出版社,2006.

[11]刘晓刚,徐玥.时装设计艺术[M].上海:东华大学出版社,2005.

[12]王欣.服装设计基础[M].重庆:重庆大学出版社,2016.

[13]米雅明.服装设计基础[M].北京:北京师范大学出版社,2015.

[14]徐亚平,吴敬等.服装设计基础[M].上海:上海文化出版社,2014.

[15]杨永庆,张岸芳.服装设计[M].北京:中国轻工业出版社,2006.

[16]杨静.服装材料学[M].北京:高等教育出版社,2006.

[17]徐雅琴,惠洁.女装结构细节解析[M].上海:东华大学出版社,2010.

[18]李川.服装设计基础[M].北京:北京工艺美术出版社,2013.

[19]金庚荣,韩慧君.服装设计基础[M].北京:中央广播电视大学出版社,2000.

[20]王旭,赵憬.服装立体造型设计[M].北京:中国纺织出版社,2003.

［21］谢琴.服装材料设计与应用［M］.北京:中国纺织出版社,2015.

［22］孙晋良,吕伟员.纤维新材料［M］.上海:上海大学出版社,2007.

［23］耿琴玉,张曙光.纺织纤维与产品［M］.苏州:苏州大学出版社,2007.

［24］朱远胜.面料与服装设计［M］.北京:中国纺织出版社,2008.

［25］张鸿博.服装设计基础［M］.武汉:武汉大学出版社,2008.

［26］孙世圃.装饰图案设计(第4版)［M］.北京:中国纺织出版社,2000.

［27］阿黛尔.时尚设计元素:面料与服装设计［M］.北京:中国纺织出版社,2010.

［28］朱远胜.服装材料应用［M］.上海:东华大学出版社,2006.

［29］朱松文.服装材料学［M］.北京:中国纺织出版社,2004.

［30］郭凤芝.针织服装设计基础［M］.北京:化学工业出版社,2008.